EXPOSITION UNIVERSELLE DE 1889, A PARIS

NOTE EXPLICATIVE

des Objets exposés

PAR LA

DIRECTION DE L'AGRICULTURE

MINISTÈRE DE L'AGRICULTURE ET DU COMMERCE

TOKIO (Japon)

COMMISSARIAT IMPÉRIAL DU JAPON

152, rue de la Pompe, PARIS

PARIS
IMPRIMERIE ET LIBRAIRIE CENTRALES DES CHEMINS DE FER
IMPRIMERIE CHAIX
SOCIÉTÉ ANONYME AU CAPITAL DE SIX MILLIONS
Rue Bergère, 20
1889

EXPOSITION UNIVERSELLE DE 1889, A PARIS

NOTE EXPLICATIVE

des Objets exposés

PAR LA

DIRECTION DE L'AGRICULTURE

MINISTÈRE DE L'AGRICULTURE ET DU COMMERCE

TOKIO (Japon)

COMMISSARIAT IMPÉRIAL DU JAPON

152, rue de la Pompe, PARIS

PARIS
IMPRIMERIE ET LIBRAIRIE CENTRALES DES CHEMINS DE FER
IMPRIMERIE CHAIX
SOCIÉTÉ ANONYME AU CAPITAL DE SIX MILLIONS
Rue Bergère, 20
1889

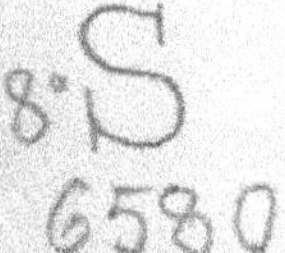

EXPOSITION UNIVERSELLE DE 1889, A PARIS

NOTE EXPLICATIVE

des Objets exposés

PAR LA

DIRECTION DE L'AGRICULTURE

CLASSE 33 — GROUPE 4

Direction de l'Agriculture au Ministère de l'Agriculture et du Commerce.

1 à 8. **Soies grèges** (8 espèces).

L'histoire de l'antiquité ne nous renseigne pas clairement sur l'origine de la sériciculture au Japon, qui a cependant existé certainement dans les temps les plus reculés. Sous le règne de l'empereur Onin (15e empereur, an 70), remontant à plus de mille huit cents ans, on avait fait tisser des étoffes de soie par des Chinois, et sous le règne de l'empereur Uriakou (an 457), l'impératrice avait convaincu le peuple que l'élevage des vers à soie était une profession des plus utiles et des plus avantageuses. Depuis les années Keitio à Genna (1596-1625) jusqu'aux années Siotokou à Kioho (1711-1735) la production de la soie doubla, et elle se quadrupla presque dans les années de Bounka (1804-1816).

La sériciculture resta pendant près de mille ans dans un état stationnaire, par suite des changements de régimes, mais la production de la soie s'accrut d'année en année avec les progrès de l'humanité, et depuis l'ouverture des ports aux étrangers, la soie devint un produit de la plus grande importance et une marchandise d'un grand trafic. Le tableau suivant résume l'état commercial des exportations et fait connaître l'augmentation et la diminution des transactions pendant vingt années, depuis la 1re jusqu'à la 20e année de Meiji (1868-1887).

ANNÉE	POIDS EN LIVRES ANGLAISES	PRIX EN YENS
1	1.123.951	6.253.473
2	726.046	5.720.182
3	683.362	4.278.752
4	1.323.435	8 004.144
5	895.500	5.205.237
6	1.202.134	7.208.121
7	979.193	5.302.039
8	1.181.387	5.424.916
9	1.864.249	13.197.924
10	1.723.004	9.626.956
11	1.451.235	7.889.446
12	1.637.198	9.734 534
13	1.461.679	8.606.867
14	1.801.181	10.647 310
15	2.884.068	16.232.130
16	3.121.975	16.183.550
17	2.098.398	11.007.172
18	2.457.203	1.303.871
19	2.635.294	17.321.362
20	3.103.584	19.280.093

Indiquons encore les contrées d'importation pendant les deux dernières années :

ANNÉE	EUROPE	AMÉRIQUE
De juillet de la 19e année à juin de la 20e année.	26.370 balles	14.001 balles
De juillet de la 20e année à juin de la 21e année.	17.994 d°	20.946 d°

La qualité des soies n'est pas uniforme à cause de la diversité des procédés de filage.

En ce qui concerne les machines à filer, il y en a de modèles français, italiens ou franco-italiens, ces derniers nouvellement installés ; ajoutons les procédés routiniers propres à l'Asie. Mais depuis ces dernières années on fait des efforts pour le perfectionnement des machines et l'amélioration des procédés de filage qui renouvellent complètement cette industrie.

Les soies grèges exposées ont été spécialement faites par les plus habiles fabricants ; il est nécessaire d'insister sur cette matière pour l'avenir de la sériciculture du Japon et afin de donner une opinion saine et exacte sur la fabrication et les conditions réclamées pour la consommation.

SOIES

1. **Soie grège** fabriquée par la Compagnie Oshimashioshia au Simotsouké, département de Totsighi.

La filature de cette Compagnie a été fondée en septembre 1871 ; le nombre des bassines est de 100, et celui des ouvriers employés est de 203, dont 3 hommes et 200 femmes.

La production des soies d'une année est de 7,500 livres anglaises ; la dépense pour 100 livres de soie est de 160 yens et le prix de revient est de 700 yens.

2. **Soie grège** fabriquée par la Société Gakosha, à Simanonokouni, dans le département de Nagano.

La filature de cette Société a été fondée en 1877, le nombre des bassines est de 380 ; et celui des ouvriers est de 550, dont 50 hommes et 500 femmes ; elle produit 26,250 livres anglaises de soie grège pendant une année et la dépense de fabrication pour 100 livres de soie est de 150 yens. Le prix de revient est de 710 yens.

3. **Soie grège** fabriquée par la filature de Yonézawa, à Ouzen, département de Yamagata.

Cette filature a été fondée en septembre 1878 ; le nombre des bassines est de 100 ; celui des ouvriers est de 211 dont 3 hommes et 208 femmes ; elle produit 630 livres anglaises. La dépense de fabrication pour 100 livres est de 130 yens et le prix de revient est de 710 yens.

4. **Soie grège** fabriquée par la filature Tomioka-Kotsouké, département de Goumba.

Cette filature a été fondée en 1871, comme modèle, par le gouvernement qui fit venir de France M. Paul Bruna, chef de filature, et d'autres agents techniques et quelques bonnes ouvrières. Les machines de filage et autres instruments ont été achetés en France, pays qui a également fourni les modèles de construction des bâtiments.

Le nombre des bassines est de 300; celui des ouvriers est de 475, dont 25 hommes et 450 femmes. La production est de 30,000 livres anglaises de soie.

MANIÈRE DE CONSERVER LES COCONS

La manière de conserver les cocons consiste à séparer les bons d'avec les mauvais, c'est-à-dire ceux dont le ver est mort. On les étend dans les paniers d'étouffage, disposés par étages ; on fait passer de la vapeur et de la chaleur afin d'étouffer les chrysalides et prévenir la naissance des papillons.

Ensuite on dispose les paniers sur les rayons de la chambre de conservation ; on remue les cocons une fois par jour afin de faire changer les chrysalides de position, dans les cocons, on entretient un courant d'air pour évaporer l'eau des chrysalides et prévenir les moisissures. Pour procéder aux opérations qui suivent le remuage des cocons, il faut de quarante à cinquante jours après l'étouffement des chrysalides; de cette façon l'eau contenue dans les chrysalides s'évapore peu à peu et celles-ci se dessèchent; alors on les met dans des sacs de toile ou de papier enduits de tan afin de les conserver dans une chambre soigneusement préservée de toute humidité.

MANIÈRE DE TRIER LES COCONS

La manière de trier les cocons, après l'étouffement des chrysalides, consiste à rejeter d'abord les mauvais cocons, c'est-à-dire les cocons doubles, Ibaritsuki, Sabitsuki, Sinigomori, Kabitsuki, Ebiratsuki, Yogoré, etc., et ensuite à trier encore les bons cocons, suivant les distinctions suivantes :

1° *Couleur.*

Jaune d'or, jaune d'œuf, jaune vert, blanc de neige, blanc d'argent et blanc clair.

2° Forme.

Grosse, moyenne, petite, ronde, ovale, pointue, étranglée par le milieu, gonflée par le milieu.

3° Fibre.

Très dense, dense, grossière, de la nature de la ouate ou du velours.

4° Solidité.

Fort serré, peu serré, légèrement serré, tendre aux deux bouts, tendre au milieu, tendre d'un bout.

On les classe ensuite en premier, deuxième et troisième ordre pour le filage.

MANIÈRE DE FILER

Le filage se fait suivant le système Chambon ou par la machine à vapeur à filage des deux bouts. A cet effet, tout d'abord on détermine la température de l'eau à tremper et de celle de l'eau pour filer, après avoir examiné la quantité de gomme contenue dans les fibres des cocons qu'on veut filer. On fixe ensuite le nombre de cocons pour un brin de soie et on fait filer le fil en déterminant le titre.

L'eau employée est de l'eau de rivière, mais comme elle contient quelques matières organiques et autres corps, on la filtre préalablement.

Les soies n° 1, 2 et 4 sont fabriquées par une même ouvrière pendant tout le cours du dévidage. Elles sont d'abord roulées sur le petit dévidoir, puis sur le grand pour faire les écheveaux. Les soies du n° 3 sont roulées directement sur le grand dévidoir pour faire les écheveaux, de sorte qu'une ouvrière détache les bouts et une autre file : on nomme ce procédé : dévidage direct.

La température de l'eau à tremper employée pour le filage des soies exposées est de 79 à 85 degrés centigrades et celle de l'eau de bassine de 56 à 61 degrés centigrades. On a pris quatre ou cinq cocons pour un brin de soie en ayant soin de mesurer le brin de cocons suivant la grosseur des fibres et l'épaisseur de la couche des cocons, afin de rendre uniforme le titre du fil. Le titre des soies de meilleure qualité, filées pour être employées au tissage mécanique en France est de 11/13 deniers.

CLASSE 43 — GROUPE 5

Oiseaux utiles et nuisibles.

1. **Modzu** (*Lanius bucephalus* Sied.). Pie-grièche.
2. **Ohoruri** (*Muscicapa melanoleuca* Sieb.). Attrape-mouches.
3. **Sanchokubi** (*Muscicapa melanoleuca* Sieb.). Attrape-mouches.
4. **Sankoteho** (*Muscipeta principalis* Sieb.). Attrape-mouches à longue queue.
5. **Thigomodzu** (*Muscipeta principalis* Sieb.). Attrape-mouches à longue queue.
6. **Kibitaki** (*Zanthopigia narcissina* T.). Attrape-mouches de nuit.
7. **Segurosekirei** (*Motacilla lugens* Sieb.). Hochequeue.
8. **Sekirei** (*Motacilla japonica*). Hochequeue japonais.
9. **Tahibari** (*Anthus pratensis japonicus* Sieb). Pipit, genre d'alouette.
10. **Bindzui** (*Anthus arboreus* Sieb.). Pipit, genre d'alouette.
11. **Thiyomatsugumi** (*Anthus arboreus* Sieb.). Genre de grive.
12. **Kurotsugumi** (*Turdus cordis* Sieb.). Grive, ventre blanc.
13. **Shirohara** (*Turdus cordis* Sieb.). Grive, ventre blanc.
14. **Akohara** (*Turdus chrysolaus* Sieb.). Grive, ventre rouge.
15. **Nuyeshinai** (*Œrocincla varia*). Espèce de merle.
16. **Hujodori** (*Orpheus amaurotis* Sieb.). Grive.
17. **Kawagarasu** (*Cinclus pallasii* Sieb.). Merle d'eau.
18. **Rayakugari** (*Cinclus pallasii* Sieb.). Merle d'eau.
19. **Nogoma** (*Calliope comschathensis* Gm.). Rouge-gorge.
20. **Jioubitaki** (*Lusciola aurorea* Sieb.). Rouge-queue.
21. **Ruribitaki** (*Lusciola cyanura* Sieb.). Queue-bleue.
22. **Koruri** (*Larvivora cyane*). Rouge-gorge bleu et blanc.
23. **Komadori** (*Larvivora cyane*). Rouge-gorge bleu et blanc.

24. **Ohoyoshikiri** (*Saricaria turdaides orientalis* Sieb.). Merle.

25. **Koyashikiri** (*Acrocephalus bistrigiceps* Swin.). Passereau.

26. **Senniu** (*Curisitans* Trank). Fauvette queue éventail.

27. **Uguisu** (*Herbivox* sp.). Rossignol japonais.

28. **Meboso** (*Herbivox* sp.). Rossignol japonais.

29. **Kikuitadaki** (*Legulus cristatus* Sieb.). Passereau à crête dorée.

30. **Misosazai** (*Troglodytes vulgaris* Sieb.). Passereau japonais.

31. **Higara** (*Parus ater* Linn.). Mésange.

32. **Yamagara** (*Parus varius*). Mésange des montagnes.

33. **Shijiukara** (*Parus minor* Sieb.). Mésange.

34. **Kogara** (*Parus palustris* L.). Mésange.

35. **Enaga** (*Oristes trivirgatus*). Mésange à longue queue.

36. **Hibari** (*Alanda japonica* Sieb.). Alouette du Japon.

37. **Noziro** (*Alanda japonica* Sieb.). Alouette du Japon.

38. **Miyamafojiro** (*Emberiza, species* Sieb.). Ortolan de montagne.

39. **Aoji** (*Emberiza personata* Sieb.). Ortolan à face noire.

40. **Hohoaka** (*Emberiza fucata* Sieb.). Ortolan.

41. **Haziro** (*Emberiza civides* Sieb.). Ortolan.

42. **Kashiradaka** (*Emberiza rustica* Sieb.). Ortolan rustique.

43. **Usso** (*Pyrrhula orientalis* Sieb.). Bouvreuil.

44. **Tenimajiko** (*Uragus sanguinolentus*). Pinson rose à longue queue.

45. **Shimé** (*Coccothraustes vulgaris japonicus* Sieb.). Pinson.

46. **Ikaru** (*Coccothraustes personatus* Sieb.). Gros-bec

47. **Kawarahiwa** (*Fringilla Kawarahiwa minor* Sieb.). Pinson vert.

48. **Hiwa** (*Fringilla spinus* Linn.). Serin.

49. **Suzume** (*Passer montanus* Sieb.). Moineau.

50. **Niunaisuzume** (*Passer russatus* Sieb.). Passereau rustique.

51. **Kirenjujaku** (*Bombycilla garrula* Sieb.). Grimpereau.

52. **Hirenjujaku** (*Bombycilla phœnicoptera* Sieb.). Passereau jaseur.

53. **Mukudori** (*Sturnus cineraceus* Sieb.). Étourneau gris.

54. **Onagadori** (*Corvus cyanus* Sieb.). Pie bleue.

55. **Kimahari** (*Corvus cyanus* Sieb.). Pie bleue.

56. **Kibashiri** (*Certhia familiaris* Linn.). Grimpereau.

57. **Mejiro** (*Zosterops japonicus* Sieb.). Yeux-blancs du Japon.

58. **Tsubame** (*Hirundo gutturalis*). Hirondelle.

59. **Yamatsubame** (*Cecropis japonica*). Hirondelle de montagne.

60. **Amatsubame** (*Cypselus pacificus* Lath.). Martinet.

61. **Yotaka** (*Caprimulgus jotaka*). Chouette.

62. **Kijibato** (*Turtur rupicola*). Pigeon.

63. **Shirakobato** (*Turtur rupicola*). Genre de pigeon.

64. **Udzura** (*Coturnix vulgaris japonica* Sieb.). Caille.

65. **Kiji** (*Phasianus versicolor* Viell.). Faisan.

66. **Yamadori** (*Phasianus summeringii*). Faisan doré.

67. **Akakera** (*Phasianus summeringii*). Faisan doré.

68. **Kokera** (*Picus Kisuke* Sieb.). Petit pic du Japon.

69. **Aokera** (*Picus awokera* Sieb.). Pic-vert.

70. **Katsukowo** (*Picus awokera* Sieb.). Pic-vert.

71. **Fototogus** (*Cuculus poliocephalus* Lath.). Coucou.

72. **Ohban** (*Fulica atra* Linn.). Foulque noire.

73. **Koban** (*Gallinula chloropus* Linn.). Poule d'eau.

74. **Kuhina** (*Rallus aquaticus* Linn.). Râle.

75. **Higuhina** (*Gallinula erythrothorax*). Râle rouge.

76. **Shirothidori** (*Ægialites cantianus* Linn.). Pluvier.

77. **Ikaruthidori** (*Charadrius morinellus*). Pluvier-guignard.

78. **Mexaithidori** (*Charadrius morinellus*). Genre de pluvier.

79. **Takeri** (*Vanellus cristatus*).

80. **Keri** (*Lobivanellus inornatus* Sieb.).

81. **Kiyojioshigi** (*Strepsilas interpres* Linn.). Genre de bécasse.

82. **Kiashishigi** (*Totanus solitarius* Wills.). Maubèche. Genre de bécasse.

83. **Kaneshigi** (*Totanus solitarius* Wills.). Genre de bécasse.

84. **Kahashigi** (*Podiceps auritus* Lath.). Petit grèbe.

85. **Hashinagashigi** (*Podiceps auritus* Lath.). Genre de bécasse.

86. **Udzurashigi** (*Scolopax gallinago* Linn.). Bécassine.

87. **Tônen** (*Scolopax gallinago* Linn.). Bécassine.

88. **Botoshigi** (*Scolopax gallinago* Linn.). Genre de bécassine.

89. **Tamashigi** (*Rhynchœa maderas patana* Sieb.) Genre de bécassine.

90. **Yamachigi** (*Rhynchœa maderas patana* Sieb.). Genre de bécassine.

91. **Jishigi** (*Rhynchœa maderas patana* Sieb.). Genre de bécassine.

92. **Okojiakushigi** (*Numenius major* Sieb.). Bécasse de mer.

93. **Thiwjiaku** (*Numenius major* Sieb.). Bécasse de mer.

94. **Kojiaku** (*Numenius major* Sieb.). Bécasse de mer.

CLASSE 44 — GROUPE 5

Direction de l'Agriculture au Ministère de l'Agriculture et du Commerce.

1-2. **Natané** (colza et huile de colza).

Le colza (*Brassica chinensis*) est une plante dont la culture était très répandue il y a environ quinze ans, mais qui a beaucoup diminué par suite de l'importation du pétrole. D'après la statistique de la vingtième année du Meiji (1888), la quantité de colza récoltée dans tout le Japon (sauf les départements d'Iwake et d'Ishikawo) s'élevait à 1,139,800 kokon : le kokon coûte environ 5 yens.

1. Variété nommée **Riunno**, produite par Soumyoshi-gori, du département d'Osaka, coûte 9 yens le kokon. L'huile de colza fabriquée à Sumyoshi-gori (département d'Osaka), coûte 17 y. 50 le kokon.

2. Cette variété est produite à Osha-akigori, du département de Miye; elle coûte 5 yens le kokon.

L'huile que l'on en tire coûte 15 y. 30 le kokon.

3 à 5. **Filasses de chanvre** (trois espèces) faites avec du chenevis.

Chanvre (*Cannabis sativus*).

Le chanvre est une plante appartenant à la famille des Cannabinées. La fibre est produite par l'écorce des tiges, et des grains de cette plante on extrait de l'huile de chanvre. Mais au Japon on n'en extrait point l'huile et on ne cultive cette plante que pour en obtenir le fil.

La qualité du fil est bonne ou mauvaise, suivant la nature du sol où on a fait la plantation, le mode de culture des plantes et le procédé de fabrication. On en peut tisser de belles étoffes, ou en faire des filets de pêches, ou encore des cordages pour les bâtiments. Ainsi, quand on cultive cette plante, on a pour but l'une ou l'autre de ces différentes applications. Au Japon, elle croît partout, mais les lieux de production les plus renommés sont ceux de deux localités: Tsougagori-Simotsouké, département de Totsighi, et Koshigori-Yetsigo, département de Nigata.

La première produit un chanvre de qualité supérieure à celui de la seconde. Le chanvre de la qualité superfine est très luisant, d'une couleur jaune d'or, fin et beau; s'il est filé, il est comparable à la soie.

Le chanvre nommé Okaji-asa que produit Tsougagori est de qualité supérieure; celui appelé Hikiji-asa est de qualité inférieure.

QUANTITÉ DE PRODUCTION

A Tsougagori, la quantité produite dans une année ordinaire est d'environ 15 kans par tan, dont le détail suit (chiffres relatifs à la dix-neuvième année du Meiji = 1887) :

QUALITÉS	QUANTITÉS	PRIX	POIDS POUR 1 YEN
Très inférieure.	1 kan 500	1 yen 36 sens	1 kan 100
Inférieure . . .	4 —	4 — 44 —	0 — 900
Médiocre. . . .	2 —	2 — 75 —	0 — 800
Supérieure. . .	7 — 500	12 — 50 —	0 — 600
TOTAL. . .	15 kans	21 yens 57 sens	moy. 0 kan 850

PRODUCTION TOTALE DANS TOUT LE JAPON

Meiji, 15e année. . . . . 1.808.263 kans 200.
— 16e — . . . . . 1.641.957 — 858.
— 17e — . . . . . 2.382.329 — 210.

QUANTITÉS D'EXPORTATION

Meiji, 16ᵉ année .	4.002 livres	= yens	600	»
— 17ᵉ — .	732 —	= —	148	64
— 18ᵉ — .	2.056 —	= —	335	84
— 19ᵉ — .	568 —	= —	87	20
— 20ᵉ — .	1.111 —	= —	204	23

OBJETS EXPOSÉS

3 à 5. Chanvre nommé Sirakidane ; lieu de production : Koushaghiumura-Kamitsougagori, département de Totsighi.

RÉCOLTE PAR TAN

Environ 12 kans 500.

PRIX DES FIBRES PRÉPARÉES

Supérieure 0 yen 80 sens la livre.
Inférieure 0 — 53 — —

6-7. **Filasses d'orties** (2 espèces), avec les feuilles sèches d'orties (*Herbarium*).

RAMIE

La ramie est une plante annuelle, nommée scientifiquement *Bohemeria nivea*, dont les tiges croissent verticalement.

Elle ne ramifie pas et atteint une hauteur d'environ 1ᵐ,70; la plus grande s'élève à une hauteur d'environ 2ᵐ,60.

Au Japon, elle croît spontanément partout, sur les chemins et aux champs, surtout à Kiusiu.

Sa culture n'est pas très répandue au Japon; cependant, au nord du pays, surtout dans le département de Yamagata, on en cultive beaucoup et on fabrique, avec les fibres de cette plante, des toiles de qualité supérieure, telles que :

Yetsigotsijimi, Yetsigojofou, Yonezawatsijimi.

On la cultive aussi aux environs de Nara et on en produit des toiles dites Narazarashi.

Les toiles dites Riukiujofou se font aussi avec les fibres de la ramie.

Quant aux ramies qui viennent naturellement, on en fait des cordes ou des toiles inférieures, ou on les fauche pour en faire du fumier, ou pour donner aux chevaux et aux bœufs comme nourriture.

Dans le nord, on fauche la ramie une fois par an ; dans le sud et le centre du pays, deux fois et, à Kiusiu, trois fois.

Dans les localités où la récolte ne se fait qu'une fois, on obtient environ 6 kans de fibres par an, et là où elle a lieu deux et trois fois, les fibres obtenues sont de 10 et 18 kans environ.

Indiquons la quantité produite en deux années ; la seizième et dix-septième année du Meiji :

16e année 248,647 kans 614.

17e année 349,032 kans 320.

Les échantillons exposés sont des fibres et des feuilles desséchées de chanvre produit à Mutsouhodomoura, Nishimourayamagori-ouzeu, département de Yamagata, et de celui produit à Houwa-emoura, Kita-yamajikiri, Riukiu, département d'Okinawa.

La récolte des fibres, dans le département de Yamagata, est de 9 kans par tan, la récolte des tiges vertes, de 250 kans.

Ainsi, la quantité des fibres obtenues avec les tiges vertes est dans la proportion de 0,175 0/0, tandis que celles du département d'Okinawa est de 3,000 livres et les fibres obtenues de 300 livres.

8. **Écorce de Mitsumata** avec des papiers en écorce de Mitsumata et feuilles sèches de Mitsumata.

MITSOUMATA

(Edgeworthia papyrifera).

Cette plante, originaire de l'Asie, se ramifie en trois branches : de là, son nom (Mitsoumata veut dire trois branches). Elle monte à l'automne, à l'endroit d'où sort la feuille, un petit bouton qui s'agrandit peu à peu et fleurit au printemps. Cette fleur est d'un blanc jaunâtre. Elle croit en grande quantité dans les provinces de Souronga et de Kaï.

Les papiers qui sont fabriqués avec les fibres de cette plante, nommés *Sourongabansi* étaient consommés autrefois en assez grande quantité. Mais ces papiers sont très inférieurs à ceux qui sont faits avec les fibres du Kosou *(Broussonetia papyrifera)* ; ils ne sont pas forts et se déchirent en longueur et en largeur.

Toutefois, depuis ces dernières années, à Insatsokiokou (Imprimerie impériale) on a commencé à fabriquer, avec les fibres du Mitsoumata, des papiers de meilleure qualité qui sont très appréciés, de sorte que la consommation de Mitsoumata a beaucoup augmenté ainsi que sa culture.

Pour la reproduction de cette plante, on a recours aux semis et aux boutures. La déplantation peut se pratiquer au printemps aussi bien qu'à l'automne, mais le printemps est préférable; on plante environ 750 pieds par tan.

L'instant le plus favorable pour la récolte est le commencement de la floraison. Si l'on a affaire à un sol de bonne nature, la coupe peut être faite dès la deuxième année; pour un sol pauvre ou de médiocre qualité, il faut attendre la quatrième année. Vieille, la plante donne une écorce épaisse dont les fibres sont grossières et peu luisantes, tandis que la plante jeune a l'écorce mince.

Toutes les deux sont désavantageuses; ainsi, on doit apporter une attention minutieuse à choisir le moment de la coupe qui convient le mieux à la plante.

Ce qu'on fait communément, c'est d'éclaircir les branches au moyen de la coupe par intervalles. Les nouvelles pousses qui viennent après la coupe peuvent se couper dès la troisième année.

On peut aller ainsi successivement jusqu'à 50 années si le sol est supérieur, de 25 à 30 années s'il est médiocre et de 15 à 20 années s'il est inférieur.

La récolte, en moyenne, est la suivante par tan :

Sol supérieur :

Branches : de 320 à 400 kans.
Ecorces brutes obtenues de ces branches : de 65 à 80 kans.

Sol médiocre :

Branches,	de 200	à	275	kans.
Écorces brutes,	de 40	à	55	—

Sol inférieur :

Branches,	de 150	à	170	kans.
Écorces brutes,	de 30	à	35	—

ÉCORCE NOIRE ET ÉCORCE BRUTE

On transporte immédiatement après la coupe les branches de Mitsoumata à l'étuve. On met environ 3.000 branches, pesant 40 kans en tout, dans une chaudière, et on les cuit suffisamment à la vapeur; ensuite on les retire de la chaudière pour les décortiquer, puis on les lie et on les fait sécher au point qu'elles se brisent. En ce cas, on les nomme *écorces noires*. On peut cuire à la vapeur dix chaudières de branches avec dix hommes par jour.

2e Opération.

Il est préférable de procéder à la deuxième opération immédiatement après le décorticage, au lieu d'opérer sur les écorces déjà sèches. Si les écorces sont vertes une femme peut en travailler 30 kans, mais si elles sont sèches elle n'en peut travailler plus de 15 kans.

La deuxième opération consiste à dépouiller les fibres de leur peau extérieure, en passant les écorces petit à petit entre deux morceaux de bambou fendu.

Si on veut opérer avec les écorces sèches, on doit les plonger dans l'eau pendant environ une nuit. La dépouille de la peau terminée, on lave les fibres et on les fait dessécher pour les conserver.

La deuxième opération donne 13 kans de fibres avec 30 kans d'écorces brutes de la qualité supérieure ; si celle-ci est inférieure, la deuxième opération ne donne que 11 kans.

FIBRES BLANCHIS

Cette opération ne diffère pas beaucoup de la précédente, seulement elle est un peu plus exacte. On gratte les fibres avec un couteau à tranchant mince, pour enlever la peau extérieure qui restait après la deuxième opération ; puis on les lave avec de l'eau pure, on les suspend à des bâtons de bambou pour les bien sécher jusqu'à ce point qu'elles se cassent.

Quantité de la production des écorces brutes :

15e année, 777.507 kans 680.
16e — 941.207 — 330.

Le prix de ces dernières années est d'environ 15 yens par *da* (30 kans).

9. **Écorce de Gampi**, avec les feuilles sèches de gampi et papiers en écorce de gampi.

GAMPIJU

(*Wickstroamia canecensis*, var. *Ganpi*).

Le Gampi est un arbrisseau à feuilles tombantes, blanches et alternes; ses fleurs, jaunes, fleurissent à la fin de juillet et au commencement d'août; les graines mûrissent du commencement au milieu de novembre.

Pour la reproduction de cette plante, on a recours au semis et au détachement facile de la racine; on la déplante pour la transporter en un autre lieu de plantation. La première coupe se fait vers la troisième année au plus tôt et vers la septième année au plus tard, à partir du moment de la plantation. Dès lors, cette plante pousse des rameaux au pied. Si l'on soigne sa culture, on peut récolter dès la quatrième ou cinquième année. Toutefois, si on apporte à la culture des soins excessifs, on peut faire la récolte dès la troisième année ou toutes les deux années. La récolte en moyenne est la suivante :

	SOL SUPÉRIEUR Par tan.	SOL INFÉRIEUR Par tan.
Tiges de gampi........	270 kans.	80 kans.
Écorces noires.........	45 —	30 —

DÉCORTICAGE

On coupe les branches de gampi au moment de la chute des feuilles, à l'automne ou avant le printemps; on enlève l'écorce des branches pendant qu'elles sont encore vertes ; en même temps, on dépouille les fibres de leur peau grossière et on les essuie avec de la toile humide pour les faire bien sécher ensuite, à l'ombre dans une chambre.

QUANTITÉ DE PRODUCTION

15e année : 1.813 kans 760.
16e — 8.018 — 460.

10. **Écorce de Kozo**, avec les feuilles sèches de kozo, et papiers en écorce de Kozo.

KOZO

(Brossonetia papyrifera).

Le Kozo est une plante à feuilles tombantes qui appartient à la famille de Morée.

La forme des feuilles est ovale, leur surface est très grossière et l'envers a des poils fins. Les fleurs ne sont pas bisexuelles, chacune ayant son arbre; les graines, d'une couleur rouge foncé ont la chair épaisse et ressemblent à celles du mûrier. Au Japon, cette plante croît partout, surtout à Tosa, Yio, Souno, etc.

Pour sa reproduction, on peut détacher les racines ou employer le mode de marcottage, de bouture ou de semis.

Il est rare qu'on consacre à cette plante des terrains particuliers et, d'habitude, on la plante sur le bord des chemins affectés à d'autres plantes, ou encore au pied des montagnes, dans des endroits dont ne s'accommode pas la culture d'autres plantes.

Donc, on ne peut pas dire combien de pieds on plante par tan, ni quelle récolte on en obtient. Quant à la récolte produite par un sol supérieur, on peut dire qu'elle est de 250 kans dès la première année, de 450 kans la deuxième, de 600 kans la troisième et, pour les années suivantes, de 1,000 kans d'écorces noires.

Ainsi, combien cette plante peut-elle durer?... On répondra à cette question en disant que de la première à la cinquième année, la récolte augmente considérablement; de la cinquième à la dixième année, peu à peu; de la dixième à la vingtième année, elle reste stationnaire; à partir de ce moment, on pourrait maintenir la récolte au même rendement, par une culture soignée en choisissant la nature du sol. En un mot, on pourra en tirer parti pendant trente ou quarante ans.

La récolte a lieu vers le solstice d'hiver; on coupe les branches, on retranche leurs bouts et leurs rameaux latéraux, on leur donne une longueur de 1 mètre ou $1^{m},30$; on les lie en faisceaux, on les met dans une chaudière et on les cuit à la vapeur. Ensuite on les retire de la chaudière pour enlever immédiatement leur peau extérieure, puis on les lie en faisceaux de la grosseur d'une poignée, on les fait sécher usqu'à ce qu'elles se cassent ; alors on peut les conserver. Dans ce cas on les nomme *Kozo noirs*.

Les Kozo blancs ne sont autre chose que les Kozo noirs qui sont plongés dans l'eau pour être bien humectés, puis enlevés et dépouillés de leur peau extérieure avec une espèce de plioir et enfin desséchés.

QUANTITÉ DE LA PRODUCTION DES ÉCORCES DE KOZO

15e année :	4.488.494	kans 720.
16e —	4.889.156	— 574.

11 à 16. Tabacs en feuilles (6 espèces).

L'origine de la culture du tabac au Japon remonte aux premières années de Keitsyo (avant l'an 290).

On se procurait les graines du tabac au moyen des étrangers qui, à cette époque, abordaient dans la province de Satsuma ; on semait ces graines à Sashyadonoshato, Sashyadogoro, dans cette même province. De là, la culture se répandit peu à peu dans plusieurs provinces. Il est hors de doute que le tabac nous vient des pays étrangers, mais celui qu'on y a cultivé longtemps était le *Nicotiana rustica*, et il est évident que le Japon n'a point eu la *Nicotiana Tabacum* qu'on cultive aujourd'hui en Europe et en Amérique.

La culture de cette dernière variété n'a été introduite et cultivée au Japon que beaucoup plus tard et postérieurement à la première année du Meiji (1868).

La manière de fumer des Japonais, qui consiste à aspirer la fumée du tabac jaune dans le gosier, explique leur préférence pour un tabac faible et d'un goût insipide. Mais les Européens et les Américains aiment celui qui a le goût rude et dont l'odeur est forte, parce qu'ils n'aspirent pas la fumée.

Le tabac à feuilles minces et jaunes donne une qualité insipide et faible ; celui à feuille épaisse et brune, celle qui est âcre et d'une odeur forte.

De même, l'aspect du tabac japonais diffère de celui des Européens et des Américains, au point de vue de la couleur et de l'épaisseur des feuilles, et, de là, il résulte des différences dans le mode de culture du tabac entre les Européens et les Japonais.

Par exemple, en Europe et en Amérique, on plante ordinairement 1,800 pieds de tabac dans le même terrain où, au Japon, on en planterait de 3,000 à 5,400 et plus.

En Europe, la dépouille des feuilles se fait beaucoup plus tôt qu'au Japon où elle n'a lieu qu'au moment de la floraison; ainsi, le point important de la culture du tabac au Japon, est de s'efforcer d'obtenir des feuilles d'un goût insipide et doux.

De plus, le mode de fermentation n'était pas connu des Japonais; c'est ce qui fait que le tabac du Japon était peu apprécié par les Européens et les Américains.

Ainsi qu'il vient d'être dit, on voit que le mode de culture et le goût du tabac, au Japon, différaient essentiellement de ceux des étrangers; mais, depuis ces dernières années, le Japon exporte son tabac et en modifie la culture qui tend à se rapprocher de celle d'Europe; des tentatives ont lieu dans diverses localités et le Japon produira sous peu un tabac satisfaisant le goût des Européens et des Américains, car les conditions climatériques et la nature des terrains où on l'exploite conviennent admirablement à sa culture.

PRODUCTION DU TABAC AU JAPON DEPUIS LA 11e ANNÉE DU MEIJI (1879):

11e Année . . .	4.082.876 kans	480 mommés.
12e — . . .	4.692.326 —	880 —
13e — . . .	4.628.851 —	080 —
14e — . . .	4.342.251 —	200 —
15e — . . .	4.524.741 —	760 —
16e — . . .	5.694.983 —	909 —
17e — . . .	5.863.519 —	306 —

(Un kan vaut 3 kilog. 745 gr.; le mommé en est la millième partie.)

QUANTITÉS DE TABAC EXPORTÉES DEPUIS LA 1re ANNÉE DU MEIJI (1868):

ANNÉES du Meiji.	QUANTITÉS en livres anglaises.	VALEURS en yens.
1re Année. . . .	207.629	10.763 04
2e —	430.860	28.179 15
3e —	641.790	46.499 73
4e —	1.261.641	96.803 71
5e —	3.498.885	246.608 14
6e —	2.646.993	272.565 22

ANNÉES du Meiji.	QUANTITÉS en livres anglaises.	VALEURS en yens.
7e Année	2.946.042	273.827 97
8e —	2.456.458	184.063 85
9e —	927.285	79.461 41
10e —	3 016.336	289.008 51
11e — . . .	977.292	106 090 18
12e —	1.414.549	140.115 01
13e —	2.141.006	203.908 01
14e —	2.361.133	235.902 00
15e —	806s843	76.218 38
16e —	1.186.131	121.987 55
17e —	2.577.173	239.306 31
18e —	4.604.681	389.286 54
19e —	1.473.303	126.612 61
20e —	849.192	70.408 34

PROVENANCES

Les lieux qui produisent aujourd'hui en plus grande quantité le tabac de meilleure qualité (mode japonais) sont les suivants :

1re Classe.

Kokoubon, Oshoumi.
Taté, Kotsouké.
Demizon et Sashyado, Satsuma.
Ishizoubata, Settson.
Tsitsibon, Moushashi.
Yamamoto, Tamba.
Ko-ito, Kazhonsha.

2e Classe.

Hadano, Sagami.
Simizoiyi, et Kisho, Sinano.
Rino, Kai.
Simonoseki, Nagato.
Nagasaki et Simabara, Hizen.
Sekido, Amashitano et Mito, Hidatsi.
Oyamada, Simotsouké.

3e Classe.

Awa.
Tajima.
Bittiu.
Nakano, Omi.
Tango.
Matsoukawa et Miharon, Iwaki.
Aïzou, Iwashiro.

Mais les lieux qui exportent le tabac sont : Kotsouke, Simotsuke, Owari, Rikoutiu, Mikawa, Totomi, Yamoto, Kaï, Satsouma, Tosha, Mino, Iwashiro, Izoumi, Sagami, Higo, Bittiu, Hiuga, Tosha, etc.

Les tabacs de Nambu, Rikoutiu et de Tate-Simotsuke sont surtout estimés.

OBJETS EXPOSÉS

11. Nom de variété : Koba.

Lieu de production : Kawamemoura, Hienou-Kigoni, Rikoutiu.

Récolte par tan :

Qualité supérieure.	25	livres anglaises
— moyenne.	55	—
— inférieure	90	—

Prix des feuilles séchées, d'une livre :

Qualité supérieure.	10 sens	
— moyenne	6 —	5 rins
— inférieure	3 —	5 —

15. Nom de variété : **Hashougoromo.**

Lieux de production : Kourishoumoura, Midonogori, Kotsouke.

Récolte par tan : 400 livres anglaises.

Prix d'une livre de feuilles séchées : 16 sens.

14. Nom de variété : **Oyamadadane.**

Lieux de production : Oyamadashimogo Nashongori Simotsouke.

Récolte par tan : 40 kans.

Prix d'une livre de feuilles séchées : 16 sens.

16. Nom de variété : **Hatanonakade.**

Lieux de production : Sibousawamoura, Oshomigori,

Récolte par tan : 320 livres.

Prix d'une livre de feuilles séchées : 15 sens.

17 à 22. **Feuilles sèches de mûriers** (6 espèces).

MURIERS PRÉCOCES

17. **Ippei.**

Les feuilles de ce mûrier conviennent à l'élevage des jeunes vers, mais elles deviennent dures et se couvrent de poils par-dessous ; aussi ne conviennent-elles plus à la nourriture des vers qui dépassent le second âge.

Ce mûrier n'a donc pas besoin d'être cultivé en grande quantité.

18. **Yanaghita.**

Les fleurs viennent avant les feuilles qui poussent à la même époque que celles de l'Ippei. Le développement de ces feuilles est tardif ; à ce point de vue, ce mûrier ne serait pas préférable au précédent pour l'élevage des vers à soie ; toutefois, la feuille devenant plus grande et plus tendre convient aux vers dépassant le quatrième âge.

MURIERS ORDINAIRES

19. **A-oki.**

Les feuilles de ce mûrier poussent plus tard que celles des précédents ; plus grandes et plus tendres, elles peuvent servir de nourriture aux vers depuis le second jusqu'au cinquième âge.

20. **Koumorio.**

Les feuilles poussant plus tôt que celles du mûrier précédent peuvent servir à élever les jeunes vers ; grandes et tendres, elles conviennent également à la nourriture des vers dépassant le quatrième âge.

MURIERS TARDIFS

21. **Takaske.**

Les feuilles de ce mûrier sont tardives ; elles sont grandes, épaisses et nutritives. Étant tendres, elles conviennent à la nourriture des vers du cinquième âge.

22. Nezoumiga-eshi.

Ce mûrier donne des feuilles petites et minces, mais ses ramifications sont abondantes et produisent une grande quantité de feuilles, lesquelles conviennent à la nourriture des vers du cinquième âge.

Le Japon possède plus de cent espèces de mûriers, mais les six espèces exposées à la présente Exposition sont les meilleures, choisies parmi celles qui sont communément cultivées et les plus abondamment consommées.

23 à 26. **Cocons** (5 espèces).

23. **Akajukou** (maturation rouge).

Le ver qui file ce cocon devient légèrement rouge à l'époque des mues et de la maturation; de là, son nom.

Sa croissance étant relativement lente, il consomme une grande quantité de feuilles de mûrier; son corps est très gros; le cocon est épais et dur, il abonde en matière soyeuse et la qualité de son fil est forte, mais la fibre étant trop grosse pour fabriquer le fil fin, il est difficile de le rendre uniforme.

24. **A-ojukou** (maturation verte).

Le ver qui file ce cocon ne change pas sensiblement de couleur à l'époque des mues et de la maturation; de là, son nom.

Sa croissance est plus rapide que celle du précédent; la fibre est mince et luisante; la quantité des matières soyeuses est moindre que celle de l'Akajukou, mais c'est le cocon avec lequel on peut fabriquer les soies grèges de meilleure qualité.

25. **Ko-ishi-marou** (cocon caillou).

Le ver qui file ce cocon a le corps plus petit que le précédent, mais il est de nature vive et de croissance rapide. La forme du cocon est courte et petite, il a la dureté du caillou; de là, son nom.

La quantité de soie est moindre que dans les cocons des vers Akajukou et A-ojukou, mais n'ayant besoin que d'une moindre quantité de nourriture; il est aisé de faire l'élevage qui est très répandu aujourd'hui.

La fibre du cocon, belle et mince, peut servir à la matière première des filatures et fournit une soie excellente pour le tissage mécanique de plein perfectionnement, ainsi qu'en France.

26. **Onishibo** (grain grossier).

Le ver qui file ce cocon est de croissance un peu plus rapide que celle du ver Akajukou ; son corps est plus gros.

La quantité de soie qu'il vomit est abondante.

Le cocon est épais et dur.

Le grain est plus grossier que dans les autres cocons : de là, son nom.

Mais la fibre étant mince et longue, on en peut filer une soie grège de meilleure qualité.

Le Japon possède plus d'une dizaine d'espèces de vers à soie, mais les quatre espèces exposées sont les plus communément élevées et qui conviennent le mieux à la filature des soies.

PROCÉDÉ DE SÉRICICULTURE

Les graines des vers à soie du Japon sont plus fines que celles d'Italie et de France ; leur poids est aussi moindre.

Indiquons la comparaison des poids de dix mille graines indigènes de cocons exposés à la présente Exposition et du même nombre de graines d'Italie et de France.

RACES —	POIDS de 10,000 graines. —
Akajukou : Japon.	1.42
A-ojukou : Japon	1.37
Ko-ishimarou : Japon.	1.28
Oni-shibo : Japon.	1.37
Jaune d'or : Italie, France.	1.99

Au commencement de la ponte du papillon mère, les œufs étant bien tendres, il faut agir avec précaution pour les placer sur des feuilles de papier étendues horizontalement. Lorsque les coques sont durcies au bout de cinq ou six jours et ont changé de couleur, on suspend les papiers aux endroits convenables, dans une chambre retirée et fraiche.

En hiver surtout, on les conserve dans les endroits où l'air frais est renouvelé, car les œufs, à une température de plus de 16°, pourraient germer.

La méthode d'incubation consiste à transporter les graines dans la chambre d'incubation en ayant soin de se préoccuper du moment où les mûriers bourgeonneront. La température de cette chambre doit être élevée d'un ou deux degrés plus haut que celle de la chambre de conservation ; on l'élève ensuite d'un degré par jour, tout en surveillant la pousse des mûriers.

Lorsque la température s'élève à 24° ou 25°, au bout de dix ou quatorze ou quinze jours, l'incubation commence : c'est pourquoi il est bon d'élever la température peu à peu.

Mais, si l'atmosphère de la chambre est trop sèche, elle nuirait à la formation du ver dans l'intérieur de l'œuf. Il faut donc arroser de temps en temps l'intérieur de la chambre ou produire de l'humidité sur les papiers avec des boutons de fleurs de mûriers, cela facilite l'éclosion.

Le mode de balayage des vers à soie consiste tout d'abord à prendre et à peser le papier d'une grandeur égale à celle du papier où les vers sont éclos, à renverser le dernier sur l'autre, en le frappant de l'autre côté avec le manche d'un balai de plumes. On pèse de nouveau pour savoir le poids des vers, qui règle l'espace qu'ils doivent occuper et la quantité nécessaire de feuilles de mûrier.

On met une épaisseur de son, d'environ 3 millimètres sur les vers et les feuilles de mûrier hachées ; au bout de quelque temps on ramasse les vers et le son avec un balai de plumes et on les mêle avec soin ; ensuite on les étend, à la proportion de 3 gr. 8, sur une feuille de papier de 30 centimètres carrés. Au bout de trois jours on enlève le papier étendu au moment du balayage ; à ce moment on porte la surface à 180 centimètres et au bout de cinq jours à 36 centimètres carrés.

Premier âge. On donne les feuilles de mûrier dans la proportion suivante :

1er jour de	. . . .	10g	à	15g,2
2e —	. . . .	15g,2	à	19g
3e —	. . . .	19g	à	30g,4
4e —	. . . .	30g	à	45g,6
5e —	. . . .	60g	à	91g
6e —	. . . .	76g	à	114g

Le septième jour, des vers commencent à muer ; pour renouveler les feuilles mangées on en donne cinq fois par jour le premier jour, en quantité de 45 à 68 grammes par fois ; les autres six jours, huit fois par jour et nuit.

Les dimensions des feuilles hachées pour le premier âge sont :

1er et 2e jour.	0m,003	carrés.
3e et 4e jour.	0m,004 1/2	—
5e jour	0m,006	—
6e et 7e jour.	0m,004 1/2	—

La température en moyenne est de 21 ou 22 degrés centigrades.

Le premier âge se termine environ au bout de sept jours à partir du balayage, c'est la règle générale ; toutefois, il y a des exceptions, suivant la race et le climat.

La température est la même pour tous les âges.

Deuxième âge. La quantité des feuilles de mûrier à donner est comme suit :

1er jour de	53 à 68gr.
2e —	79 à 91gr.
3e —	91 à 136gr.
4e —	182 à 226gr.
5e —	152 à 226gr.
6e —	114 à 152gr.

Sept fois par jour et nuit, soit environ quarante-trois fois, et 4k,940 grammes de feuilles en tout.

Les dimensions des feuilles hachées sont :

1er jour	0m,006	carrés.
2e et 3e jour.	0m,0075	—
4e jour	0m,009	—
5e et 6e jour.	0m,0075	—

La surface des claies est de :

1er jour.	3m,60
2e et 3e jour.	5m,40
4e, 5e et 6e jour	10m,80

Troisième âge. La quantité de feuilles à donner est :

1er jour	152 à 228gr.
2e —	228 à 285gr.
3e —	285 à 418gr.
4e —	456 à 570gr.
5e —	532 à 608gr.
6e —	456 à 228gr.

Six fois par jour et nuit ; trente-deux fois en tout, environ 12k,160 de feuilles.

Les dimensions des feuilles de mûrier sont :

1er et 2e jour	0m,009 carrés.
3e jour	0m,012 —
4e —	0m,015 —
5e et 6e jour.	0m,012 —

La surface des claies est de :

1er jour.	10m,80
2e et 3e jour.	16m,20
4e, 5e et 6e jour	23m,40

Quatrième âge. La quantité de feuilles à donner est de :

1er jour	456 à 760gr.
2e —	798 à 988gr.
3e —	988 à 1.140gr.
4e —	1.424 à 1.824gr.
5e —	1.900 à 1.424gr.
6e —	1.140 à 624gr.

Cinq fois par jour et nuit ; vingt-huit fois en tout, environ 28k,500 de feuilles.

Les dimensions des feuilles hachées à donner sont :

1er jour.	0m,018
2e —	0m,024
3e et 4e jour, feuilles hachées non criblées.	
5e et 6e jour.	0m,024

La surface des claies est de :

1er, 2e et 3e jour.	24m,40 carrés.
4e, 5e et 6e jour	36m —

Cinquième âge. La quantité des feuilles hachées à donner est de :

1er jour	1.520 à 1.710gr.
2e —	1.710 à 2.660gr.
3e —	3.040 à 4.560gr.
4e —	4.560 à 5.320gr.
5e —	5.320 à 5.780gr.
6e —	5.780 à 6.640gr.
7e —	6.640 à 5.780gr.
8e —	5.780 à 3.040gr.
9e —	2.280 à 1.360gr.

Cinq fois par jour et nuit ; quarante et une fois, en tout 150k,400 de feuilles.

La surface des claies est de :

36 mètres du premier au neuvième jour.

Les feuilles sont données hachées pendant six jours, du premier au troisième jour et du septième au neuvième jour ; pendant trois jours, du quatrième au sixième jour, les feuilles sont données en rameaux.

En règle générale, les vers arrivant au cinquième âge, on ne leur donne plus de chaleur factice, car la températnre de la saison leur suffit et ils parviennent à leur point de maturation.

Leur poids se multiplie presque dix mille fois ; il leur faut une atmosphère fraiche.

Le procédé de monte consiste à faire monter un à un les vers sur des bruyères préalablement préparées. La bruyère est faite avec des pailles de riz pliées en six, à la longueur d'un centimètre, et qui sont placées dans le panier servant à l'élevage des vers et disposées de façon à assurer la circulation de l'air. La sécheresse de l'intérieur de la chambre, l'égalité de la température et l'uniformité de la lumière doivent être recherchées avec le plus grand soin.

Pour donner une idée de l'état de la sériciculture du Japon, indiquons ci-après la quantité des feuilles de mûrier à donner, pour chaque âge, aux vers qui pèsent 3^{gr},8 à l'éclosion, et la quantité de cocons récoltés.

1er âge	2^{k},470.
2e —	4^{k},560.
3e —	11^{k},970.
4e —	28^{k},500.
5e —	210^{k},100.
Total	258^{k},500.
Bons cocons	45^{l} ».
Cocons doubles	14^{l},500.
Mauvais cocons	0^{l},054.
Total	59^{l},554.

Il y a plusieurs procédés pour l'élevage des vers à soie : élevage frais, élevage chaud, élevage mixte, élevage à la température naturelle.

Tous ces procédés sont différents ; mais on a recours plus ou moins à la chaleur artificielle, sauf dans le cas de l'élevage frais.

On obtient et modifie les températures par le chauffage.

27. **Heshima** (*Luffa petola*).

La gourde (*Heshima*) est la fibre de *Luffa petola*; elle sert à envelopper les objets précieux ou est placée au fond des bas où elle remplace l'éponge. Le prix est d'environ 10 yens pour 50 livres.

CLASSE 45 — GROUPE 5

Direction de l'Agriculture au Ministère de l'Agriculture et du Commerce, à Tokio.

1. **Menthe cristallisée.**
2. **Essence de menthe,** avec les feuilles sèches de menthe.
3. **Cire végétale raffinée** avec les fruits de l'arbre à cire.
4. **Cire végétale raffinée,** avec les fruits de l'arbre à cire. L'huile et le cristal de menthe du Japon (nommés aussi essence de menthe) s'extraient du liquide distillé des tiges et des feuilles de plantes annuelles nommées *Menthæ arvensis.*

Il existe plus de dix variétés de menthe cultivées au Japon ou de *Mentha arvensis.* Elles sont très différentes quant au rendement, mais, d'après l'estimation vulgaire, la première est la variété Méganoha, la deuxième Akanora et la troisième Aonora, etc.

Parmi les menthes, il y en a qui se fauchent deux ou trois fois par an. La récolte de la première année de plantation est de 70 kans à 100 kans de feuilles séchées par tan (superficie qui correspond au dixième d'un hectare). Pendant la deuxième et la troisième année elles poussent plus vigoureusement et la récolte en est d'environ 200 kans; la quantité d'essence qu'elles fournissent s'élève de 10 mommés à 12 mommés par un kan de feuilles séchées. Ainsi ces deux années sont celles qui donnent le plus de profit. Pendant la quatrième et la cinquième année, la quantité d'essence fournie se réduit à 7 ou 8 mommés et, après la sixième ou la septième année, elle se réduit encore à la faible quantité de 3 ou 4 mommés. On obtient ordinairement 5 mommés de cristal et autant d'huile avec 10 mommés d'essence.

Au Japon, le lieu qui produit aujourd'hui la plus grande quantité de menthe est Higashi-o-itamagori, Ouzen, du département de Yamagata ; vient ensuite Kitamoraya-gori. Ouzen. On l'a beaucoup cultivée autrefois à Sinano et à Yetsigo ; mais indiquons la quantité d'exportation et les chiffres qu'elle produit, depuis la treizième année de Meiji :

Meiji.	Quantité en livre anglaise.		Somme.
13e année	3.726	Yens	5.231 70
14e —	6.928		10.258 70
15e —	9.440		14.670 80
16e —	7.166		13.085 »
17e —	9.017		25.786 60
18e —	15.362		45.540 40
19e —	60.997		63.206 70
20e —	86.423		76.526 20

Le prix courant de 100 livres, au marché de Tokio, est, en 1888, comme suivant :

Huile de menthe. . .	Yens	102 »
Cristal de menthe . .		123 »

L'huile de menthe et la menthe cristallisée produisent le même effet, mais la menthe cristallisée est employée spécialement dans le cas de névralgie, pour frotter le point affecté ; pour le rhume, elle s'emploie comme médicament interne. L'huile de menthe, imbibée de sucre, est prise pour la toux ; mêlée avec de l'eau-de-vie, elle est employée pour combattre les piqûres de taons, des moustiques, etc.; elle a des effets, mélangée avec d'autres médicaments, contre le choléra, la diarrhée, etc.; en outre, elle entre, comme matière première, dans la fabrication de certaines liqueurs. On l'emploie aussi en parfumerie dans différents gâteaux, comme poudre à dents.

Enfin, versée goutte à goutte dans l'eau, on s'en sert pour se laver la bouche.

1 et 2. Ces échantillons exposés sont des tiges de menthe venant d'Ouroushyamamura, Oitamagori, Ouzen, du département de Yamagata ; l'huile et le cristal sont extraits de ces tiges. La récolte par tan (dixième d'un hectare environ) des feuilles vertes est de 500 kans. Ces feuilles dessséchées ont un poids de 125 kans. On a obtenu, avec un kan de ces feuilles vertes, 1 mommé 25 d'huile et autant de cristal de menthe ; le prix d'une livre est 1 yen 80 sens pour l'huile, et 2 yens 50 sens pour le cristal.

3 et 4. La cire végétale s'extrait des graines de *Rhus succedanea* et de *Rhus vernifera*. D'après la statistique de la dix-septième année de Meiji, la quantité totale de la production de cire brute dans tout le Japon est de 2,162,555 kans.

Le n° 3 est de la cire raffinée extraite des graines de *Rhus succedanea* et coûte 17 sens la livre ; la brute se paye 14 sens. L'accessoire de n° 3 est la graine de *Rhus succedanea* et coûte 2 sens 5 rins par livre.

Le n° 4 est de la cire raffinée extraite des graines de *Rhus vernifera* produites à Kawanouma-gori, du département de Foukoushima et coûte 1 yen 20 sens par kan. La brute se paye 90 sens le kan.

L'accessoire de n° 4 est la graine de *Rhus vernifera*, produite au même endroit que le n° 3 et le prix est de 16 sens 5 rins par to (to vaut un peu moins de 20 litres).

CLASSE 67 — GROUPE 7

Direction de l'Agriculture au Ministère de l'Agriculture et du Commerce.

1 à 5. **Riz** *(Oryza sativa)*.

6 à 8. **Orge** *(Hordicum vulgare)*.

9 à 10. **Blé** *(Triticum vulgare)*.

11 à 15. **Hadakamoughi** *(Hordeum vulgare cœleste)*.

1 à 5. **Riz**. Le riz est une des plantes céréales les plus importantes et d'une nourriture indispensable pour les habitants du Japon. Il n'y a pas une parcelle de terre où l'on ne le cultive et pas une espèce de champ susceptible d'être irriguée que l'on ne convertisse en rizière.

Il y a quelques espèces particulières de riz : *Ouroutsi* ou riz commun et *Motsi* ou riz visqueux. Pour indiquer la différence principale de ces deux espèces, nous dirons que le riz Ouroutsi est, pour la plupart, blanc d'argent, plus ou moins luisant, et transparent, tandis que le riz Motsi est blanc, peu luisant, lisse et opaque. A la cuisson, le premier a le goût insipide et le second a beaucoup d'adhérence. Mais tous deux présentent peu de différence dans leur composition chimique. Quant à l'adhérence du riz Motsi, elle résulte de la fécule qu'il contient, différente de celle du riz Ouroutsi et qui n'est autre que l'*Erythroxylum*, lequel présente une réaction brun-rouge par le traitement de l'iode.

Tous deux ont plusieurs variétés : celles du riz Ouroutsi sont nombreuses, par suite de l'extension de sa culture et parce qu'il est la nourriture journalière des habitants du Japon. Par suite, il y a de la diversité dans les qualités, suivant la grosseur des graines, suivant des formes qui sont longues ou courtes, suivant la présence ou non des taches blanches au milieu, du luisant plus ou moins prononcé, de la douceur ou de l'insipidité du goût, de la présence d'une odeur particulière ou non, de l'augmentation ou non du volume à la cuisson dans l'eau. Ces différences de nature et de qualités résultent nécessairement de la diversité des variétés du riz ; mais la saison, la nature du sol et le mode de culture y prennent une grande part.

En outre du riz cultivé en terrain irrigué, c'est-à-dire dans la rizière proprement dite, il existe une autre espèce appelée *Okabo*, qu'on cultive en terrain sec, c'est-à-dire dans la rizière non irriguée ; elle compte également deux variétés qui ont plusieurs sous-variétés, dont cependant la composition chimique ne présente pas de différence remarquable, mais dont les qualités mécaniques diffèrent beaucoup entre elles : le riz Okabo est peu adhérent par rapport au riz ordinaire et son goût est moins bon. Toutefois, parmi les variétés du riz Okabo il y en a qui sont supérieures au riz ordinaire. Voici, comme renseignement, le tableau d'analyse des trois espèces de riz : *Ouroutsi*, *Motsi* et *Ouroutsi-Okabo*.

	OUROUTSI	MOTSI	OUROUTSI-OKABO
Eau	14.20	14.48	12.77
(Matières desséchées)		Pour cent.	
Albumine	9.84	12.25	11.27
Matière grasse	2.66	2.84	2.57
Fibre	1.45	1.01	1.62
Fécule	77.86	76.02	77.34
Dextrine, matière saccharine, etc.	10.17	6.81	5.91
Cendre	1.02	1.07	1.29

D'après la statistique de la 20e année de Meiji ou 1885, la superficie de terrain planté de riz est de 26,370,693 tans (un tan vaut environ dix ares) dans le Japon tout entier, à l'exception du département d'Okinaua, et la quantité totale de récolte est de 39,399,199 kokous (un kokou vaut un peu moins de 2 hectolitres), dont 3,100,153 kokous pour le riz Motsi et 223,271 kokous pour le riz Okabo. Le riz commun en occupe le reste.

Voici, comme renseignements, le tableau statistique de la production de chaque espèce de riz pendant trois ans, de la 18e à la 20e année de Meiji :

ANNÉE	OUROUTSI	MOTSI	OKABO	TOTAL
	Kokous.	Kokous.	Kokous.	Kokous.
18e	31.034.642	2.834.765	288.762	34.158.169
19e	34.407.239	3.019.026	174.552	37.600.817
20e	36.675.775	3.100.153	223 272	39.999.199

La quantité de riz consommée pour la fabrication du saké (boisson fermentée) et du gâteau, plus celle qui est exportée, déduite, le reste sert à la nourriture journalière des Japonais.

Mais la quantité consommée pour la fabrication du saké n'est pas moindre. D'après l'enquête de la 19e année de Meiji, 200 kokous de riz sont consommés pour cette fabrication.

Et la quantité d'exportation, depuis la 14e année de Meiji, est établie dans le tableau suivant :

ANNÉE	NOMBRE des Picals.	PRIX en Yens.
14e	106.561	261.737
15e	650.950	1.652.043
16e	435.402	1.000.941
17e	1.137.059	2.169.942
18e	317.779	766.759
19e	1.387.333	3.300.599
20e	893.217	2.255.114

Pour préparer le riz comme aliment, les Japonais le cuisent sans le mêler avec du lait ou du sucre, ni en faire une soupe. La quantité d'eau à employer est importante. Ordinairement il faut 2 litres à 2 lit. 12 pour 1 lit. 8 de riz (après avoir bien lavé le riz dans l'eau et décanté cette eau, on jette le riz dans l'eau préalablement bouillie et on met e couvercle). La cuisson demande de 20 minutes à 25 minutes.

On sentira, en mangeant du riz cuit non assaisonné, un goût insipide. Mais l'excellence du riz dépend essentiellement de la manière de le cuire, de la qualité bonne ou mauvaise et de la durée de conservation; comme il a une saveur inexprimable, les Japonais font consister dans cette saveur les recherches de leur choix, et non dans la forme des graines. Dans les autres pays cependant, on considère le luisant et la forme du riz comme un point important et on tend à altérer le goût propre du riz. Aussi les exportateurs du Japon font uniquement attention à ce point, parce qu'ils croient que le riz qui convient au goût des étrangers est celui qui a la forme ronde et qui se récolte dans la région de Kiusiu, entre autres à Tsikouzén, à Higo, à Bouzén, etc. Cependant ce riz occupe le rang secondaire au point du goût pour les Japonais.

Le prix du riz dans les diverses régions du Japon est entre 3 yens et 7 yens par kokou, suivant la commodité plus ou moins grande de transporter l'abondance plus ou moins considérable de l'année et la qualité plus ou moins bonne du riz.

Voici, comme renseignements, le tableau résumant les prix courants du riz d'un kokou depuis la 19e année de Meiji :

	19e ANNÉE	20e ANNÉE
Tokio. . .	6 yens 026 rins	5 yens 274 rins
Kiotó. . .	5 yens 561 rins	5 yens 045 rins
Hiōgo . .	4 yens 969 rins	4 yens 462 rins
Osaka. . .	5 yens 181 rins	4 yens 657 rins
Toyama. .	3 yens 920 rins	3 yens 944 rins
Ishinomaki	4 yens 795 rins	4 yens 192 rins

Le riz exposé (nos 1 et 2) est de la production d'Akaski-gôri, Harima; il convient à la fabrication du saké limpide d'une qualité supérieure. Un kokou de ce riz coûte 5 yens 30.

3. **Riz Motsi** récolté à Saitamagôri, dans le département de Saïtama; il est employé à la fabrication du Motsi (pâte du riz), à la confection de toutes sortes de gâteaux et du Milin (liqueur sucrée pour l'assaisonnement des mets). Le prix d'un kokou est de 7 yens 50 sens.

4. **Riz Ouroutsi-okabo** récolté à Tokio : il est employé pour la nourriture journalière, cuit à l'eau ou utilisé pour la

fabrication des gâteaux et saké. Le prix d'un kokou est de 4 yens 80.

5. **Riz Motsi-okabo** qu'on emploie pour la fabrication de la pâte *Motsi* et du *Milin*. Le prix d'un kokou est de 5 yens.

Orge (*Hordeum vulgare*).

La récolte de l'orge du Japon est de 1,5 à 3 kokous. On peut obtenir une récolte de plus de quatre kokous suivant la localité, mais on évalue ordinairement la production à environ deux kokous. La quantité de production depuis la onzième année de Meiji est contenue dans le tableau suivant :

11e Année	. . . .	5.443.964 kokous.
12e —	. . . .	6.005.534 —
13e —	. . . .	6.886.696 —
14e —	. . . .	5.817.749 —
15e —	. . . .	5.247.676 —
16e —	. . . .	5.839.255 —
17e —	. . . .	4.952.836 —
18e —	. . . .	4.564.276 —

Mais la production réelle serait double de cette quantité. L'exportation depuis la seizième année de Meiji est :

	QUANTITÉ D'EXPLOITATION	SOMMES
16e Année. .	355.374 livres angl.	2.626 yens 90
17e — . .	305.149 —	4.009 — 98
18e — . .	299.060 —	4.076 — 50
19e — . .	156.221 —	2.478 — 81
20e — . .	154.607 —	3.309 — 59

Les échantillons exposés sont de la production de Gosékimoura, Adatsé-gori du département de Saïtama, de Oïdemoura, Myégori du département de Miyé et de Hyroïshimoura, Hoïgori, Mycaua du département d'Aïtsi.

Celui de la production du département de Saïtama est une variété appelée Tanézoroï; sa production par tan est 2 kokous 5; il coûte 2 yens 40 le kokou.

Le riz de la production du département de Myé est celui d'une variété appelée Sebikou-omoughi et coûte 2 yens le kokou.

La récolte du riz de la production du département d'Aïtsi est de 3 kokous 2 et coûte 2 yens le kokou.

BLÉ

(Triticum vulgare).

QUANTITÉ DE PRODUCTION

	QUANTITÉ	PAR TAN
16e année.	2.485.901 kokous	0k,64
17e —	2.658.511 —	0k,67
18e —	2.414.946 —	0k,61

Le prix de vente en détail à Tokio à la 21e année de Meiji, environ 0,23 kokou à 0,28 par yen.

La quantité d'exportation de blé et son prix :

	QUANTITÉS (LIVRES ANGLAISES)	VALEUR EN YENS
16e année.	40.034.427	589.989
17e —	14.597.400	215.612
18e —	19.545.156	320.035

La récolte par tan s'élève à peine à plus de 0 kokou 6, en moyenne dans tout le pays, mais on peut en obtenir ordinairement environ 1 kokou 5 par tan.

Le froment fournit une matière première pour la fabrication du Shôyu et sa consommation n'est pas moindre. Mais il est beaucoup employé pour la fabrication du vermicelle (*Oudon*), macaroni et de plusieurs sortes de gâteaux.

Objets exposés.

9. **O kokou 3** de blé.

Nom de la variété : espèce indigène dite Foutogava.

Lieux de production : Mizouwa dans le village de Yovoghigôvi, Sagami.

Récolte par tan : 1 kokou 6.

Prix d'un kokou : 5 yens.

10. **O kokou 3 de blé.**

Nom de la variété : espèce indigène, blé blanc.

Lieux de production : Tsoubono-oritsi du village Sinomya, Oshomigôvi, Sagami.

Récolte par tan : 1 kokou 2.

Prix de 1 kokou : 5 yens.

HADAKAMOUGHI

(Hordeum vulgare cœleste).

Le seigle ressemble beaucoup à l'orge comme caractère et sert à la nourriture journalière des cultivateurs. Son avantage sur l'orge est d'être plus facile à nettoyer. Mais la récolte du seigle est de moitié moins abondante que celle de l'orge.

QUANTITÉ TOTALE DE PRODUCTION

16e année	......	3.680.022 kokous.
17e —	......	4.261.996 —
18e —	......	4.076.554 —

La récolte 0/0 dans les terrains de meilleure nature est environ de 2 kokous 5 et coûte environ plus de 2 yens le kokou.

Objets exposés.

11-12.

Lieux de production : Narou-omouva, Moukogōvi, Settou.

Nom des variétés : *Kīmpīca.*

Récolte 0/0 : 2 kokous 6.

Prix d'un kokou : 2 yens 10.

13-14.

Lieux de production : Kousha-aïmouva, Ouhavagōvi, Settou.

Nom des variétés : *Hadakamoughi,* dialecte : Sikokoumoughi ou Odéki.

Récolte 0/0 : 3 kokous.

Prix d'un kokou : 2 yens 50.

15.

Lieux de production : Yémouva, Ouhavagōvi, Settou.

Nom des variétés : *Bittyu.*

Récolte 0/0 : 3 kokous.

Prix d'un kokou : 2 yens 80.

CLASSE 68 — GROUPE 7

Direction de l'Agriculture au Ministère de l'Agriculture et du Commerce.

1. **Kōvi-tōfu** (gâteaux de pois comprimés et glacés).

Le Kōví-tōfu est fabriqué à Kōya-shan (département de Wakayama), en faisant figer le Tōfou qui se fabrique avec le Daidzou (*Soja Hispida*) et qui contient de l'albumine en grande quantité. C'est une des principales nourritures des Japonais.

Le prix d'une livre de Kōvi-tōfou est de 15 sens.

2. **Poudre de Konnyak.**

La poudre de Konnyak résulte de la pulvérisation des tubercules de *Canophallus Konnyak* ; on en fait un aliment : le Konnyak. On en fabrique aussi une sorte de colle. L'objet exposé est un produit du département d'Ibavaki. Le prix est variable, mais, actuellement, elle coûte 12 yens 50 sens à 14 yens pour un sac contenant 1 kan 500.

3. **Konnyak.**

Le Konnyak glacé est la coagulation de la poudre de Konnyak. On la hache et on la fait glacer. Celle de qualité supérieure coûte 15 sens par livre, et la qualité moyenne 13 sens.

4. **Uba.**

L'Uba est fabriqué avec le Daïzou et contient 51.6 parties d'albumine et 15.6 parties d'huile jaune; 1.000 feuilles d'un poids d'environ 3 kans 500 de cette matière coûtent 13 yens.

CLASSE 69 — GROUPE 7

Direction de l'Agriculture au Ministère de l'Agriculture et du Commerce.

1. **Huile d'olive.** Olives produites par une culture d'essai, dans le département de Hiōgo, pendant ces dernières années.

CLASSE 71 — GROUPE 7

Direction de l'Agriculture au Ministère de l'Agriculture et du Commerce.

1 à 9. **Soja** *(Glycine Hispida)*. Le Daïzon (Soja), une des principales céréales du Japon, riche en albumine, est la nourriture indispensable des habitants. Autrefois, les Japonais ne consommaient pas de viande et se nourrissaient essentiellement de riz cuit, et il n'y aurait pas d'exagération à dire que c'est parce que le soja offre des variétés de préparations culinaires de toutes sortes. Le soja a de nombreuses variétés qui présentent diverses formes et nuances, et qui contiennent toutes une grande quantité d'albumine et de matières grasses.

La superficie de terrain planté de soja n'est pas inférieure à 4,500,000 tans.

Il y a différentes manières d'emploi du soja :

1° Pour la nourriture journalière en assaisonnements divers ;

2° Pour la préparation des aliments de toutes sortes.

Les principaux emplois sont :

a. Pour la fabrication du *Miso*, matière fermentée composée de levure, de soja et de sel de cuisine et qui est servie comme soupe journalière dans toutes les classes des habitants.

b. Pour la fabrication de *Shôyu*, qui se prépare en mélangeant du soja, du blé, du sel et de l'eau et qui est aussi indispensable à la vie journalière.

c. Pour la préparation de *Tôfou* (fromage de soja), qui est une matière coagulée de caséine végétale contenue dans le soja et qui est un aliment journalier tant à la ville qu'à la campagne.

d. Pour la préparation de *Kôritôfou* (*Tôfou* glacé), que l'on fait glacer et dessécher et qui se conserve très longtemps. Il est exposé.

e. Pour la fabrication d'*Uba*, qui est une matière jaunâtre transparente, contenant une grande quantité d'albumine et de la matière grasse. Il est exposé.

Il sert encore à faire des aliments, des gâteaux de toutes sortes, à la nourriture des chevaux et des bœufs, à l'engrais.

Parmi les objets exposés :

1. **Siroteppo-daizou**, originaire du département de Foukoushima, sert principalement à la fabrication du *Miso*, du *Shôyu*, de diverses préparations de cuisine. Il remplace les gâteaux qu'on prend avec le thé ; il coûte 4 yens 20 le kokou.

2. **Kashi-daizou**, originaire du département de Saïtama, sert principalement à la fabrication des gâteaux et coûte environ 3 yens 70 le kokou.

3. **Honshu** (type variété), originaire du département d'Ibaraki, a divers emplois comme le précédent et coûte 5 yens 88 le kokou.

4. **Sirasaya**, originaire de Ninohégôri, du département d'Iwaté, est employé à la fabrication du miso, du shôyu, du tôfou, etc., et coûte 2 yens 85 sens 7 rins le kokou.

5. **Akazaya**, originaire du même endroit que *Sirasaya*, coûte 2 yens 85 sens 7 rins le kokou.

6. **Mizoukougouri**, originaire du même endroit que *Taihakou*, convient à la fabrication du tôfou et coûte 7 yens le kokou.

7. **Dadanamé**, originaire du département de Saïtama, se prépare à *Nimamé* et convient à la fabrication du shôyu, du miso de la qualité supérieure ; il coûte 8 yens le kokou.

8. **Itatsi-daizou**, originaire du département de Saïtama, s'emploie pour la fabrication du tôfou, du miso, etc., et coûte 5 yens le kokou.

9. **Taihakou-daizou**, originaire de Natorigôsi, dans le département de Myaghi, a le même emploi que le précédent et coûte 4 yens le kokou.

10 et 11. **Azouki** (*Phaseolus radiatus*).

L'azouki est une des principales céréales du Japon et a de nombreuses variétés qui sont employées principalement pour la matière première de la fabrication des gâteaux.

D'après la statistique de la dix-septième année de Meiji, la superficie du terrain planté d'azouki est de 643,000 kans et la production s'élève à 325,500 kokous. Il est exposé.

10. Est de la production de Ifouri à Hokkaïdo et coûte 4 yens le kokou.

11. Nommé **Alcahinéno**, se produit à Yzoumi et coûte 10 yens le kokou.

12. **Anzous desséchés.** Ces anzous desséchés sont les fruits desséchés du *Prunus armeniaca*, produit de Zenkôjimoura, département de Nagano ; ils servent comme nourriture et comme médicament. Le prix est de 9 sens par livre.

CLASSE 72 — GROUPE 7

Direction de l'Agriculture au Ministère de l'Agriculture et du Commerce.

1-5. **Gingembre desséché.** Le gingembre desséché est la tige souterraine desséchée du gingembre (*Zingiber officinalis*), après qu'on l'a jetée dans de l'eau de chaux délayée provenant de la coquille de l'huître.

Le gingembre est un des principaux épices du Japon ; ses jeunes pousses servent culinairement, et la mère-racine s'emploie en conserve et en médicament, étant fabriquée de gingembre desséché.

La quantité d'exportation est considérable. Indiquons ci-après a quantité d'exportation, depuis la 16ᵉ année de Meiji (1883) :

MEIJI	QUANTITÉ en livres	SOMME en yens
16ᵉ année. . . .	68.521	2.396 04
17ᵉ —	110.671	4.435 80
18ᵉ —	114.795	6.728 82
19ᵉ —	304.604	12.334 30
20ᵉ —	248.482	7.606 12

Le gingembre croît partout au Japon. Mais les provinces qui le produisent le plus sont : Tòtômi, Moussashi, Kii, Mikawa, I-yo, Boungo, Omi, etc. La récolte par tan, est d'environ 600 kans de gingembre desquels on obtient 6 kans de gingembre desséché, ou 16 0/0.

Le prix courant du gingembre desséché, au marché de Tokio, le 14 août de la 21ᵉ année de Meiji, était de 2 yens 70 sens par 100 livres.

Les échantillons exposés sont des gingembres produits au Térawakimoura, Sikitsigôri, Tôtômi, dans le département de Sizonoka; au Nakamishoumouro, Mourogôri, Kii, dans le département de Wakayama et au Makinomoura, Ho-i-yôri, Mikawa dans le département d'Aitsi.

1. Produit du département de Sizonoka. La récolte de la mère-gingembre est de 700 kans par tan, desquels on obtient 140 kans de gingembre desséché ou 20 0/0. Son prix d'une livre (160 mommés) est de 5 sens.

2. Produit du département d'Aitsi. La récolte de la mère-gingembre est de 700 kans par tan, desquels on obtient 105 kans de gingembre desséché; ou 15 0/0; son prix d'une livre est de 5 sens.

3. Produit du département de Wakayama. La récolte de la mère-gingembre, est de 400 kans par tan, desquels on obtient 54 kans de gingembre desséché ou 16 0/0. Son prix d'une livre est de 4 sens 5 rins.

4. La poudre de gingembre desséché est du gingembre pulvérisé, après qu'il a été séché. Le prix d'une livre est de 7 sens 8 rins.

5. Les bonbons de gingembre sont fabriqués à Tokio. Le prix de la qualité supérieure est de 15 sens, et celui de la qualité inférieure, de 10 sens.

CLASSE 72 — GROUPE 7

6-13. **Index.**

Herbier des feuilles de thé, un tableau.

Thé vert (pour la consommation du pays), 10 livres anglaises.

Thé non coloré, séché au feu dans le bassin (thé d'exportation), 50 livres anglaises.

Thé coloré, séché au feu dans la bassine (thé d'exportation), 50 livres anglaises.

Thé séché au feu dans le panier (thé d'exportation), 50 livres anglaises.

Thé noir, 50 livres anglaises.

Thé en brique.

Thé dit : Giokuro-cha, 10 livres anglaises.

La plante du thé est propre à notre pays; elle y croît naturellement et très abondamment dans les montagnes de Kinshin et de Shikoku.

Il est certain que l'usage du thé comme breuvage date de plus de 1100 ans, pourtant le procédé de fabrication du thé et la manière de le préparer pour le boire ne se trouvent point dans la tradition des livres anciens.

Un ouvrage historique très ancien nous dit que l'empereur Shomu-tenno (de 724 à 748 après J.-C.), fit prendre du thé à des bonzes et que l'empereur Saga-tenno (810 à 823) ordonna de cultiver cette plante dans les différentes provinces de Kinaï qui étaient sous la domination directe de l'Empereur et de percevoir le thé comme impôt.

Plus tard, sous le règne de l'empereur Gotoba-tenno, un bonze nommé Eisaï se rendit en Chine et en rapporta la graine du thé qu'il sema sur la montagne de Sefuri, dans la province de Chikuzen, située à l'ouest de Kiushiu et il fabriqua du thé qui se nomme Iwakami-cha.

Un autre bonze nommé Mioye, de l'église de Togano, de la province de Yamashiro, ayant obtenu d'Eisaï de la graine de thé, en planta à Fukase, près de Togano, et en fit planter aussi à Uji. Il paraît que l'usage de prendre du thé se répandit considérablement à partir de cette époque.

Uji fut considéré comme le terrain le plus propice à la culture du thé.

Au fur et à mesure que la consommation du thé devint plus grande, plusieurs autres provinces, et principalement celles de Yamashiro, Yamato, Iga, Ise, Suruga, Musashi, etc. cultivèrent cette plante.

En 1572, Ho-Taiko, premier souverain, goûta fort le thé d'Uji, il imagina de lui faire garder la couleur des jeunes bourgeons ; il conserva à ces derniers leur saveur, en les protégeant contre la gelée blanche et les rayons du soleil avec des couvertures étendues sur les terrains plantés. Dans la province d'Uji, on produit encore du thé de bonne qualité par cette méthode et on le nomme : Thé abrité.

La production du thé cultivé différemment est aussi abondante dans les autres provinces ; le port d'exportation est Nagasaki et les chargements sont exclusivement faits pour la Chine et la Hollande.

Le port de Yokohama a été ouvert aux étrangers et dès lors les demandes de notre thé vert, qui ne dépassaient pas d'abord 300,000 livres anglaises, ont augmenté dans la proportion de plus de 1,200,000 livres anglaises.

L'exportation du thé s'éleva à plus de 36,000,000 de livres anglaises, en 1887.

Herbier de feuilles de thé de diverses espèces.

Un Tableau.

N° 1. Bourgeon vert. Feuille étroite.
N° 2. Bourgeon pourpré clair. Feuille large.
N° 3. Bourgeon pourpré clair. Feuille ronde.
N° 4. Bourgeon pourpré clair. Feuille large.
N° 5. Bourgeon pourpré clair. Feuille resserrée.

Thés de meilleures qualités, parmi les thés ordinaires.

N° 6. Bourgeon vert et petit. Feuille longue.
N° 7. Bourgeon vert et petit. Feuille ronde.

Thés de mauvaise espèce, parmi les thés ordinaires.

N° 8. Bourgeon pourpré foncé Kokua, (nom de ce thé).
N° 9. Bourgeon vert Koro (nom de ce thé).

Ces deux sortes de thé diffèrent des thés ordinaires.

Le n° 8 ne vient pas à l'état sauvage ; le n° 9 croît naturellement dans différentes provinces et surtout abondamment aux environs de Kobotoke dans la province de Musashi. Les habitants de ces localités fabriquent du thé pour leur consommation ; quoiqu'il ait une odeur singulière, ce thé est assez délicat, cependant son goût est âcre et amer. Il a les mêmes qualités que le thé sauvage qui croît dans le pays d'Assam (Indo-Chine anglaise) et rappelle la nature du thé, dit Koro, qui croît dans le midi de la Chine.

PROCÉDÉS DE FABRICATION DU THÉ DE DIVERSES ESPÈCES

Thé vert. Pour fabriquer le thé vert, on cueille quatre ou cinq jeunes bourgeons vers la fin du printemps ; on leur enlève les feuilles grossières et toutes les matières étrangères au moyen d'un crible à grandes mailles, puis on les met en minces couches dans un vase de terre qu'on met sur la vapeur à haute température.

Dès que la vapeur s'échappe entre le vase et le couvercle, on agite les feuilles avec des pincettes, afin de les cuire toutes également ; cela fait, on remet le couvercle, et lorsque les feuilles sont cuites, on les transporte sur la table dite : mushi-daï, et on les évente avec un éventail. Les feuilles étant refroidies, on les jette dans des paniers qu'on range sur une claie.

On met de 800 à 1,000 mommés de ces feuilles refroidies, dans un châssis garni au fond, de papier, et qu'on place sur un fourneau de charbon de bois.

Pendant cette opération, on agite sans cesse les feuilles ; quand elles perdent un peu de leur humidité et qu'elles deviennent plus résistantes, on les roule entre les mains, puis on les répand. La même opération se repète plusieurs fois, sans cesser d'agiter un seul instant.

Au moment juste où les feuilles deviennent un peu noires, on les jette, pour les refroidir, dans un panier couvert de papier qu'on place sur une claie. Après les avoir vannées avec le mi (sorte de van), on les replace dans le châssis mis sur le fourneau et on les roule entre les mains tenues, assez hautes. Il est nécessaire de les rouler plus fortement à mesure que les feuilles se sèchent.

Lorsque les feuilles ont pris la forme convenable, on les transporte dans un autre châssis exposé au feu tempéré pour les faire sécher complètement. L'opération du roulage terminée, on conserve les feuilles dans un pot.

Les feuilles ainsi préparées sont soumises à l'opération suivante, dite : Tsurukiri. On commence d'abord par faire passer les feuilles courbées au travers d'un crible à grandes mailles et on rejette les feuilles grossières; des femmes et des filles enlèvent les feuilles jaunes et les tiges mélangées aux feuilles roulées. Ensuite on les sèche dans le châssis placé sur le fourneau et on les égalise dans un crible à petites mailles en divisant celles qui sont trop grandes; on fait encore enlever par des femmes et des filles, les feuilles jaunies et les tiges mélangées. On met enfin les feuilles dans un châssis garni de papier dans le fond et que l'on place sur le fourneau modérément chauffé, afin de les faire sécher lentement.

On a imaginé ce procédé vers 1740 dans la région d'Uji, dans la province de Yamashiro. Ce procédé est très apprécié. Il a été employé d'abord principalement à Uji, puis bientôt connu dans tout le reste du pays. Le thé fabriqué de cette façon prend le nom de Uji-sei-sencha (Thé en feuilles d'Uji). La consommation de ce thé dans le pays, s'élève annuellement à 2 ou 3 millions de livres anglaises.

Thé non coloré, cuit dans la bassine (Thé d'exportation).

On le divise en cinq ou six classes de thés en feuilles, bien préparées, qu'on met séparément dans des bassines sur un fourneau en briques. On les nettoie en les frottant avec les mains. La cuisson et le nettoyage achevés, on les transporte dans une autre bassine froide et on recommence l'opération pendant un instant; lorsque les feuilles deviennent brillantes, on les met dans un vase et on les débarrasse des feuilles trop grandes, par un crible, et de la poussière au moyen d'un ventilateur; cela fait, on les met dans des caisses.

Ces caisses sont faites en bois et extérieurement recouvertes de papier peint huilé : l'intérieur est doublé de feuilles de plomb. Une caisse contient ordinairement de 50 à 60 livres anglaises, mais suivant la demande des acheteurs, on fabrique des caisses de 5 ou 10 livres anglaises. En outre, il y a des caisses de 50 à 60 ou de 100 à 120 sacs de papier peint qui contiennent chacun 1/2 ou 1 livre anglaise de thé. Le thé de cette sorte s'exporte annuellement de 8 à 10 millions de livres anglaises.

Thé coloré, cuit dans la bassine (thé d'exportation).

La manière de diviser les thés en feuilles et de les disposer dans les bassines, est la même que celle précédemment indiquée.

On jette dans la bassine environ 600 ou 700 mommés de thé divisé, et on le frotte sans cesse avec les mains. Lorsque les feuilles perdent leur humidité, on les mélange avec une teinture (9 parties de pierre de savon et 1 partie de bleu de Prusse) ; on diminue la chaleur du fourneau et on frotte les feuilles pendant un instant.

Lorsque les feuilles prennent une même couleur, on les transporte dans une autre bassine et on les frotte de nouveau ; on cesse lorsque les feuilles paraissent avoir l'éclat nécessaire. On enlève les feuilles inégales au moyen d'un crible et la poussière avec un ventilateur.

Cela fait, on met le thé dans les caisses décrites plus haut.

L'exportation du thé coloré s'élève annuellement à environ 13 ou 15 millions de livres anglaises.

Thé séché au feu dans des paniers (thé d'exportation).

Le thé séché au feu dans des paniers est exporté depuis la 14e ou 15e année de Meiji (1880/1881).

Pour ne pas casser les feuilles ayant la forme régulière d'aiguilles dures et minces, on a imaginé un appareil de dessiccation en panier de bambou, semblable à un tambour long et portant, superposées à l'intérieur, des nattes en bambou.

On jette dans le panier le thé fabriqué après l'avoir séparé du défectueux au moyen d'un tamis et après l'avoir séché au-dessus d'un feu de charbon.

Pour que la dessiccation ait lieu régulièrement, on transvase plusieurs fois le thé dans d'autres vases et on l'agite pour le remettre sur le feu.

Après plusieurs opérations de cette sorte, quand le thé est bien sec, on le remet dans la bassine et on le frotte dans les mains jusqu'à ce qu'il devienne luisant. Alors on le débarrasse de sa poussière au moyen d'un tamis, et on le met en caisse de la même manière que précédemment.

L'exportation de ce thé est d'environ 6,500,000 livres à 8,000,000 de livres anglaises.

Thé en briques.

On ne fabriquait pas autrefois le thé en briques au Japon, c'est vers la 12e année de Meiji (1880) que date cette invention.

Ce thé est vendu dans le Kamtschatka et en Russie, mais en quantités minimes. Toutefois, si on peut arriver à fabriquer le thé noir en grande quantité, le thé noir en briques augmenterait. Du reste, comme les régions de Sikokou et de Kiushiu sont riches en plantes de thé, qui viennent spontanément, si le thé en briques convient au goût des consommateurs des pays extérieurs, il ne serait pas difficile de faire l'exportation de plus de un million de briques.

MANIÈRE DE COMPRIMER LE THÉ EN BRIQUES

On met sur un grand fourneau une marmite en fer que l'on remplit d'eau bouillante et sur laquelle on place le baquet en cuisson, la marmite hermétiquement fermée avec un couvercle léger.

On pèse préalablement la poudre de thé noir, on l'enveloppe dans un morceau de toile que l'on met dans le baquet de cuisson et qui cuit à la vapeur; ensuite, on enlève le thé que l'on met dans le moule dont on fixe le couvercle et le fond avec des coins; on place la forme sous le pressoir et on la comprime.

En même temps, on presse les coins de droite et de gauche pour obtenir la forme de brique. On transporte celle-ci dans un autre endroit pour lui faire perdre sa chaleur. Quand on n'a plus à craindre qu'elle se casse, on la fait tomber avec le couvercle, on vérifie le poids, on examine les défauts et on envoie le produit à la chambre de dessiccation.

On enveloppe ce thé dans un papier double.

Thé Giokuro-cha.

Ce thé est cultivé d'une façon particulière, à l'abri des froids et du soleil.

Son invention date des années de Tempo (1830), et est originaire d'Ouji, Yamashiro. A l'origine, la consommation n'était pas considérable, mais comme il a une odeur aromatique, qui attire l'amateur, il est très estimé aujourd'hui. La production de la 19e année de Meiji (1887) était de 301,369 livres.

MANIÈRE DE LE PRÉPARER

La matière première de ce thé est complètement différente du thé à infusion ordinaire.

On donne à la plante un engrais abondant, et on la fait croître à l'abri d'un rideau de bambou pendant environ trois semaines, durée de la végétation, pour la préserver du grand froid, de la gelée.

Quand on approche du moment de la récolte, on tend des pailles de riz au-dessus des rideaux protecteurs, afin d'empêcher les rayons du soleil de brûler la plante.

Quand on a cueilli les pousses, on les passe dans un tamis à larges mailles, afin de les débarrasser des feuilles grossières et de la poussière; on les cuit une fois à la vapeur; on les étale sur une planche pour les refroidir; on les transporte sur l'écran *(jotau)* du four pour les faire sécher.

Pendant le séchage, on doit les agiter continuellement.

Quand l'eau s'évapore et qu'on sent l'adhérence des feuilles, on les frotte lentement dans les mains, on les transvase une fois pour les refroidir, on les vanne pour enlever les feuilles grossières, on les fait trier par les femmes, ensuite on les jette de nouveau dans l'écran et on les frotte lentement dans les mains.

Pour le raffinage, on n'a qu'à répéter plusieurs fois les différentes opérations ci-dessus mentionnées.

MANIÈRE DE PRENDRE LE THÉ GIOKURO-CHA

Pour cinq personnes, on prend 3 ou 4 mommés de thé que l'on jette dans la théière. On laisse préalablement refroidir, jusqu'à 90° Fahr. 6 ou 7 siakous (le siakou équivaut à environ 1 décilitre) d'eau bouillante; on verse cette eau dans la théière, et au bout d'une minute, on verse dans les tasses.

CLASSE 73 — GROUPE 7

Direction de l'Industrie au Ministère de l'Agriculture et du Commerce.

N° 1. **Vin.**

Ce vin a été fait dans un vignoble de Innanshin-mura, près d'Akashi, dans le département du Hiogo, avec des ceps de France, importés en 1878 par M. M. Maeda : mais par suite de la température et du climat, on n'a obtenu que très peu de vin et d'une qualité inférieure, mais nous espérons que par la suite le résultat s'améliorera.

IMPRIMERIE CHAIX, RUE BERGÈRE, 20, PARIS. — 13076-7-9.

www.ingramcontent.com/pod-product-compliance
Ingram Content Group UK Ltd.
Pitfield, Milton Keynes, MK11 3LW, UK
UKHW021513260726
13993UKWH00004B/1645

9 782329 269597